野生動物を
救おう！

コアラ病院へ
ようこそ

文と写真
スージー・エスターハス
訳
海都 洋子

六耀社

目次

スージーから読者のみなさんへ

私はこれまで動物の赤ちゃんをたくさん撮影してきましたが、コアラの赤ちゃんほどかわいい動物はいませんでした。
私が出会った最初のジョーイ（赤ちゃんのこと）は、ジョージーという名の小さなメスで、まるで「ぬいぐるみ」のようでした。まだ母親のおなかの袋の中にいなくてはいけないジョージーが、親と離れて、森の中で、たったひとりで生きていけるとは、とても思えませんでした。
ジョージーがこのコアラ病院に保護されて、私はほんとうにホッとしました。

＊コアラやカンガルーなど有袋類の赤ちゃんはジョーイと呼ばれます。

オーストラリアのポート・マクウォーリーにあるコアラ病院は、とても忙しいところです。たくさんの人が、次から次へとコアラたちの世話をしながら、病院の中をてきぱきと動きまわっています。この人たちは、ほとんどみんなボランティアなのですが、コアラといっしょにいられるからここで働いているというのです。若い人も、年配の人も、男性も女性も、みんなに共通している一つのことは――コアラが大好き、ということです。心から動物を助けたいと思っている人たちに出会って、私はとても感動しました。

私は、コアラ病院の人たちのように、みんながコアラを好きになってくれたらいいなと思います。
野生動物写真家として世界中を旅行し、いろいろな動物に出会って写真に撮ってきましたが、コアラはほんとうに特殊で貴重な存在だと思います。
私がこの本を書いたのは、私たち人間は、そんなコアラを守らなければいけないということ、そのためにもコアラの住まいである森を保護しなくてはいけないということを、世界中の人たちにわかってほしいからなのです。
では、どうぞ読んでください。そして、私と同じように思っていただけることを願っています。

Suzi Eszterhas

コアラ病院へようこそ

オーストラリアの南東海岸に、抱きしめたいほどかわいい患者（コアラ！）のための特別な病院があります。ポート・マクォーリーにあるコアラ病院です。ここでは、40年以上にわたり、病気やケガをしたコアラを助け、治療してきました。
オーストラリア大陸に住むこの愛らしい動物のケア（世話）を専門とする、世界でただ一つの病院に、毎年、200頭以上のコアラが、やってきます。

ポート・マクォーリーの町を、多くのコアラが歩きまわっています。
町に住む人たちは、自分たちの裏庭のユーカリの木で食事をしているコアラをよく見かけます。
けれども、じつは、コアラの裏庭に人間が住んでいるのです。科学者たちは、オーストラリアで、2000万年前のコアラの化石を発見しています。人間がそこに住みつくよりずーっと前の、大むかしから、コアラはここに住んでいたのです。

コアラにとって、人と同じ生活空間で生きていくのは、病気やケガなどの心配があり、とても困難で危険なことです。そこでコアラ病院が必要になります。
コアラ好きで有名なチェーン・フラナガン医師（右写真）が、ボランティアチームのスタッフとともに病院を運営しています。彼らはみんな、弱ったコアラを助けて、もう一度生きる機会を与えるために、自分たちの時間と労力を提供しています。

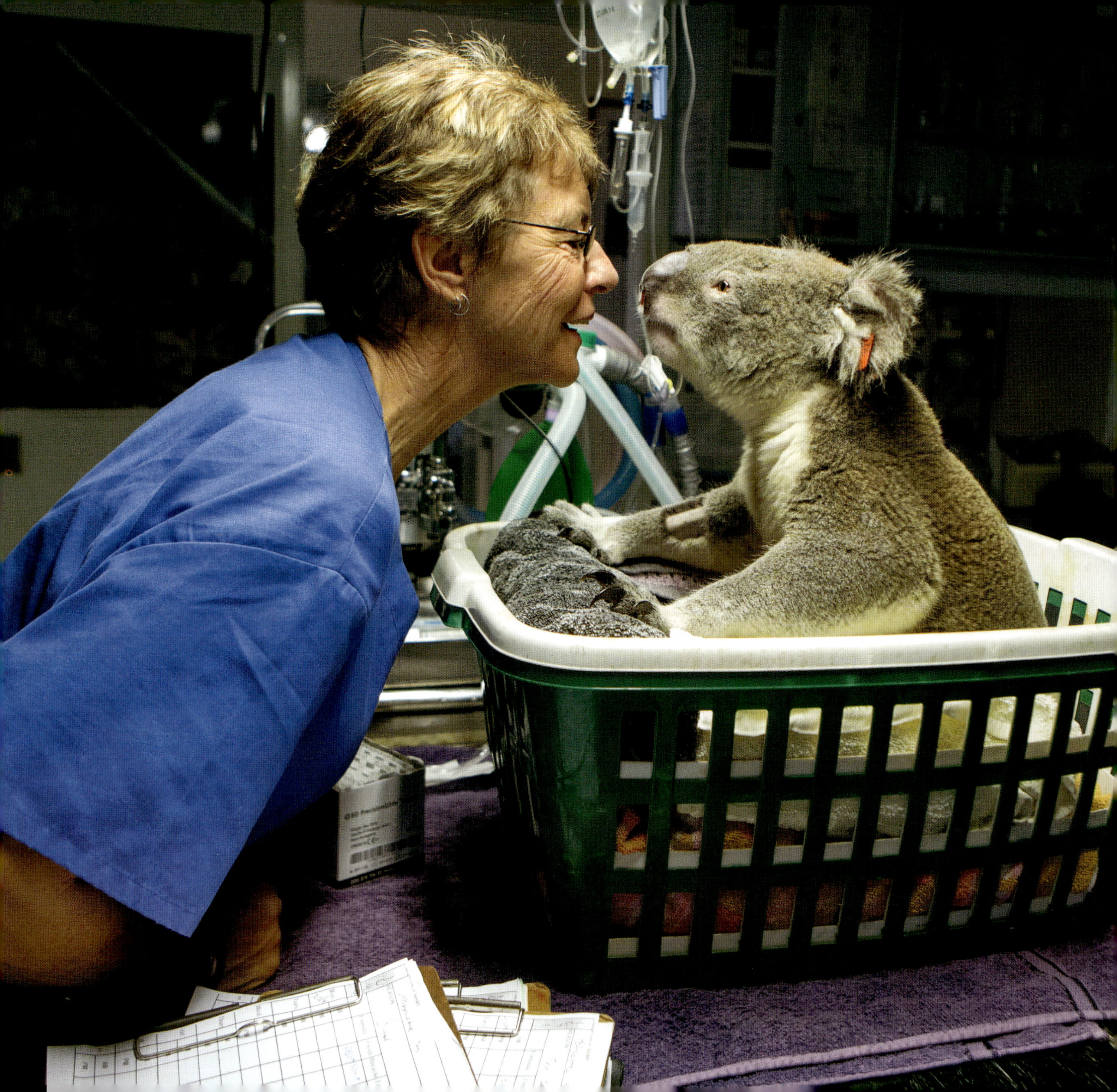

コアラがケガをしたら

バスターを紹介しましょう。バスターは大人のオスのコアラです。車にはねられて病院へやってきました。スピードを出す車でいっぱいの道路が、コアラの生息地を横断していることは珍しくありません。これは、コアラにとってはとても危険なことです。コアラが、木から木へと移動する時に、道路を横断しなければならないこともあるからです。

バスターは病院につれてこられた時、体も心も傷つき、おびえていました。チェーン医師とチームのスタッフは、すぐにバスターを洗濯かごに入れてやりました。狭い洗濯かごは、安全な場所だと思えるのか、コアラが落ちつくのです。
病院のスタッフは､「コアラになったつもりで考える」ことを学び､その､のんびりゆっくりした動きも真似しなければなりません。そうすることで、患者のコアラをおびえさせることがないようにしているのです。

人の居住区に棲んでいるコアラは、人家の庭を横切らなければならないこともあります。ペットの犬を飼っている人たちは、犬がコアラを追いかけて攻撃するかもしれないとは、思ってもいないようです。残念なことに、病院にいるケガをしたコアラの多くは、犬にかみつかれて、ここにやってきたのです。

明るい黄色の標識は、「コアラの生息地ではスピードを落とし、気をつけて運転するように」と注意をうながしています。

KOALA AMBULANCE
65841522
Port Macquarie

病気のコアラの救出

人と生息地を共有するコアラは、野生のコアラよりも病気にかかりやすくなります。手当をしないで放置すれば、コアラは死んでしまうこともあります。

病気のコアラを助けるには、ちょっとしたコツが必要です。コアラは病気になると、高い木の上にうずくまっていることが多いからです。そして、何日もそこで眠り続けるのです。コアラ病院の救出チームは、病気のコアラを、木から降りるようにやさしく誘い出すやり方を学んでいます。
スタッフは、タオルを旗のように長い棒の先に付けてコアラの頭の上で振ってみせ、木から降りるようにうながします。タオルにさそわれてコアラが降りてくると、コアラ救急車にのせ、大急ぎで病院へ連れていきます。

病気のコアラを見つけた人は、昼夜を問わずコアラ病院に電話してください。救助隊は、いつでもすぐに出動できます。

コアラ病院の治療室

病院の医療チームは、コアラ病院にやってくるすべての患者を注意深く診察します。おびえると、コアラは身を守るために攻撃的になり、するどい爪を使うからです。コアラにひっかかれると、たいへんな傷になることもあります。そこで医療チームは、診察の前にコアラの体を厚いズックの袋ですっぽりくるみ、そのするどい爪をしまいこんでおきます。ズックの袋に入ったコアラはおとなしくなるので、医療チームは安全にその心音や肺の音を聴き、眼や耳を検査し、体温を測り、ケガがないか体を触ってみることができます。

病気のコアラのケアには、24 時間休みなしで働く、親切でやさしい獣医と看護スタッフのチームが必要になります。

コアラは眼の感染症にかかることが多く、治療には数週間かかることもあります。このメスのコアラは、毎日、最先端の機器で光線治療を受けています。赤い光は、少し怖そうですが、コアラは痛みやまぶしさなど感じてはいません。この光線治療と強い薬と、愛情深くやさしいケアによって、眼の病気は快方に向かいます。そうしてコアラは野生にもどれるのです。

コアラは単独行動をする動物です。オスのコアラは、メスやジョーイといっしょには暮らしません。多くの動物と同じように、ジョーイにとって、母親コアラは自分を育ててくれる、たったひとりの親なのです。

孤児(こじ)になったコアラ

コアラはテディベア（クマのぬいぐるみ）のように見(み)えるかもしれませんが、クマとはぜんぜんちがいます。コアラはカンガルーやオポッサムなどと同(おな)じ「有袋類(ゆうたいるい)」です。有袋類のメスは、おなかに赤(あか)ちゃんを入(い)れて運(はこ)ぶ袋(ふくろ)を持(も)っています。赤ちゃんコアラは生(う)まれてから６か月(げつ)の間(あいだ)は、安全(あんぜん)で温(あたた)かいお母(かあ)さんコアラの袋の中(なか)で過(す)ごします。
コアラの赤ちゃんはジョーイと呼(よ)ばれています。生まれた時(とき)は、ピンク色(いろ)で毛(け)がなく、ゼリービーンズくらいの大(おお)きさしかありません。ジョーイは生まれるとすぐに、お母さんのおなかの毛をはいのぼって袋の中に入(はい)ります。そして数(すう)か月はそこにかくされて過ごします。

悲(かな)しいことに、赤ちゃんコアラがお母さんを失(うしな)ったり、お母さんと離(はな)ればなれになったりすることがあります。そうなると、“人間(にんげん)のお母さん”の出番(でばん)です。里親(さとおや)になる人(ひと)が、孤児(こじ)になったジョーイの世話(せわ)をするのです。

ジョーイは生まれて６か月になると、お母さんのおなかの袋から出てくるようになります。そして、初(はじ)めて外(そと)の世界(せかい)を見るのです。

やさしく思いやりのあるケアで

母親を失くしたジョーイは、とてもおびえ、ひとりぼっちで悲しんでいます。病院に着くとすぐに、スタッフは孤児のジョーイに、しがみつくための「ぬいぐるみ」を与えます。そうすると、ジョーイは安心するのです。

看護スタッフは、この小さな生きものたちを診察する時、とてもやさしく、おだやかにするように気をつけています。
ジョーイたちには、特別なケアが必要なのです。しじゅう体に触れてやり、胸に抱き、抱きしめてやらなければなりません。そうしないとジョーイは元気がなくなり、重い病気になることもあります。

病院のチームの入念な診察を受けて、健康なジョーイは、人間の“里親のお母さん”に引き取られます。野生にもどす準備ができるまでの間、そのお母さんの家で暮らすのです。

里親のお母さん

里親のお母さんは、コアラの母親のように、とてもじょうずに世話をします。野生では、ジョーイたちは、まるでノリでくっついてでもいるように母親にしがみついています。それは、里親の家でもまったく同じです。

孤児になったばかりでも、ジョーイはいつまでも内気ではいません。すぐに里親のお母さんと、新しい強いきずなを持つようになります。

ジョーイは、お母さんが家の中を動きまわる時にも、しがみついています。テレビを見ている時も、お皿を洗っている時も、読書をしている時などにも離れません。里親のお母さんに体をすり寄せていると、ジョーイは、とても気持ちよく、安心していられるのです。

野生では、ジョーイは数時間ごとにお乳を飲みます。母乳には必要な栄養のすべてが含まれています。
里親のお母さんはこの仕事を引き受け、たとえ真夜中でも、起きてジョーイにお乳を与えます。注射器にミルクを入れて飲ませますが、それは、ジョーイの小さな口にぴったりのサイズなのです。

里親の中には20年以上も赤ちゃんコアラの世話をしている熱心な女性がいて、もう数十頭ものジョーイを育ててきました。

木登りの練習

大きく丈夫な体になるだけではなく、ジョーイは木登りの練習をしなければなりません。コアラは大人になると100フィート（30.5メートル）以上の高さの木に登るので、ジョーイにとって、毎日、木登りの練習をすることは、とても大切なことです。

ほら、このジョーイの里親のお母さんは、特別な遊び木を作ってやりました。これは、この子専用の「木登りジム」です。タオルが巻いてあるので、爪でつかまりやすくなっています。そして、落ちた時にも安全なように、まだ床から低くしてあります。

このジョーイの里親のお母さんは、遊び木にユーカリの葉も付けてやりました。生後7か月になると、ジョーイは、初めてユーカリの葉を少しずつかじりはじめます。

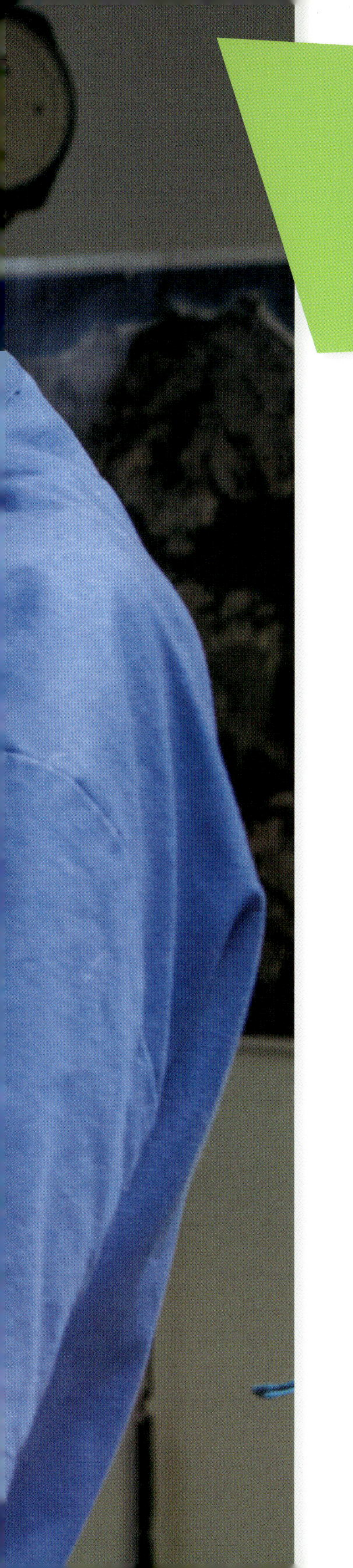

健康診断の日

ジョーイが体重5ポンド（およそ2.3キログラム）までに大きく育つと、里親のもとを離れ、コアラ病院へ帰ってきます。そして、野生にもどる前に、屋外のヤード（囲い地）で、同じような若いコアラたちといっしょに過ごします。
病院は、若いコアラたちを大人のコアラに近づけないよう、気をつけています。大人のコアラが、若いコアラに攻撃的になることがあるからです。

ジョーイが病院へ帰ってくると、チェーン医師は、このジョーイがとても大きく健康に育っているのを見てよろこびました。彼女は今度もジョーイの心音を聴き、その毛並がしっかりと厚く、つやのいいことを確認し、歯をしらべて、ユーカリの葉をすりつぶして食べられるようになっていることを確認しました。
健康診断の結果、問題がなければ、そのジョーイは、すぐにでも屋外での生活ができる状態だと判断されます。

健康な赤ちゃんは、どんどん大きくなります。看護スタッフは、一週間ごとにジョーイの体重を測って、十分に体重がふえていることを確認します。

チェーン医師はジョーイの心音を聴診器で聴きます。ちょうどお医者さんが人を診る時と同じです。

追跡用のイヤタグ付け

屋外に出る前に、ジョーイはイヤタグを付けなければなりません。イヤタグを付けるためには、耳に穴をあけることになりますから、少しばかり痛みがあります。けれども、イヤタグは重要なものです。なぜなら、イヤタグには、コアラを野生に放したあとでも、科学者や観察者たちがそれを追跡できるように個体識別番号が付けてあるからです。コアラの活動を追跡できることで、研究者たちには、野生のコアラとその生息地保全のための大事な情報が提供されるのです。

チェーン医師がイヤタグを付ける前に、この小さなジョーイは自分の里親のお母さんの鼻をくんくんかいで、ほっと安心し、落ちついています。この鼻をかぐ行動は、まさに野生のコアラの母と子がコミュニケーションをとるやり方なのです。

自由への移行期

里親のお母さんにとって、ジョーイと別れるのは、つらいことです。自分の育てたジョーイがいなくなってさびしい思いをすることでしょう。でも、ジョーイは野生にもどって自由に生きるべきだということを、お母さんは、よくわかっているのです。

コアラ病院の屋外子どもヤードに移ると、ジョーイは、自由へ一歩近づいたことになります。ほかのジョーイたちと会うこともあるし、ほんものの木に登って、森の新鮮な空気を吸い、星空のもとで眠るのです。

この「移行期」には、病院のスタッフは、若いコアラたちをひとりっきりにしておきます。ヤードには、餌を与える時と、掃除をする時しか入りません。

こうして、ジョーイたちが野生にもどった時に人間に近づかないように、ゆっくりと人間との絆は断たれていきます。人や車や人家から離れていればいるほど、コアラは安全だからです。

Koala Hospital

ケガや病気からの回復

病院では、ケガや病気のコアラたちが、看護チームの 24 時間休みなしのケアを受けてどんどん回復しています。ほんの数日間、入院するコアラもいれば、数週間、あるいは数か月もいなければならないコアラもいます。
コアラのケアは大仕事です。薬とビタミン剤を一日に数回与えなければならないコアラもいるし、骨を強くするために特別に調合したミルクを飲ませなければならないコアラもいるのです。

屋内の集中治療室で過ごさなければならないコアラもいますが、ケアをする人たちは、毎日、少しの時間でも、彼らを外の自然の中に連れ出します。ほんのしばらくでも日光にあたることで、病気のコアラたちがとても元気になる様子は、おどろくほどです。

葉っぱ、葉っぱ、もっと葉っぱ

もちろん、病院にいるコアラも食事をしなければなりません。彼らは何を食べるのか。葉っぱ、葉っぱ、とにかく大量の葉っぱを食べます。
野生のコアラは、毎日、最大１ポンド（およそ450グラム）も食べます。コアラたちの空腹を満たすために、病院のスタッフは、毎日早起きして、何時間もかけて葉っぱを集めなければなりません。

コアラの好きな食べ物は、ユーカリの木の葉です。でも、ユーカリの葉は、ほとんどの動物にとっては毒なので、これは不思議なことです。コアラは葉の毒素を分解する特別な消化器官を持っていて、そのおかげで、一日中、ユーカリの葉を食べることができるのです。
時どき、いろいろな種類の木や草の、花、芽、茎、樹皮も食べます。少しですが土を食べることもあります。そしてコアラは、めったに水を飲むことがありません。必要とする水分を、すべて葉っぱからとることができるからです。

眠たがり屋のコアラ

コアラ病院では、睡眠がコアラの治療の大きな部分を占めています。
野生の健康なコアラでさえ、寝てばかりいます。それは、葉っぱだけでは、十分なエネルギーを得られないからです。それにコアラの体は、ユーカリの葉の毒素を取りのぞくために懸命に働くので、十分な休息が必要なのです。

かつては、ユーカリの葉がコアラを酔っぱらわせるのだと思われていましたが、いまでは、科学者たちの研究によって、そうではないことがわかっています。
コアラは眠そうに見えるし、動きも、ゆっくりのんびりですが、それは、葉っぱを消化するのに体力を使いはたし、疲れ切っているからなのです。
一日に 18 時間も居眠りをするコアラは、動物界でもずば抜けた「眠たがり屋さん」です。

◀ コアラは主に夜行性です。夜行性の動物は夜に起きて、日中は眠ります。けれどもコアラは、夜にも少し眠るし、明るい時間に活動することもあります。

コアラ病院は教育研究病院

コアラ病院のすばらしいことの一つに、診察室の、さえぎるもののない大きなガラス窓があります。訪問者たちは、中で行なわれていることをじっくり見ることができます。
毎年、5万人以上の人がコアラ病院を訪れます。愛らしい患者を見るために世界中からやってくるのです。また、地元の学校からは、どうやったらコアラを助けられるかを学ぶために、校外学習の生徒たちがやってきます。

またコアラ病院は、オーストラリア中の科学研究プログラムと提携しており、情報を共有し、患者から血液や体毛を集めることで、コアラの研究を支援しています。
情報は、科学者がコアラの行動や病気に関する新しい発見をするために使われ、救助スタッフが、この愛すべき不思議な生き物の、さらによいケアをするためにも役立ちます。

野生にもどす

病院のコアラは、回復すると、ほとんどが野生に帰ることができます。看護スタッフが手をはなすと、どのコアラも「自由」に向かって突進し、最初に見つけた木に登ります。
コアラは鋭く強力な爪を持つ、力強い動物です。幅の広いユーカリの幹でも、素早く簡単に登ることができます。

時には野生に帰すことができない患者もいます。たとえば、この写真のような、目の見えないコアラです。目が見えないと、木に登ることができず、食べ物が見つけられないのです。
このコアラは、「コアラ大使」という大切な仕事を果たしながら、一生の残りの時間を病院で過ごします。コアラ病院を訪ねてきた人たちがコアラについて学ぶのを手伝いながら、みんなに「コアラを助けたい」という気持ちになってもらうために働くのです。

コアラの保護

病院だけでは、コアラを救うことはできません。オーストラリア全体でも、もう4万5000頭のコアラしか残っていません。
コアラが生きるためには木と葉が必要ですが、開発業者は、毎日、住宅や農地や道路を作るために、どんどん木を切り倒しています。木が十分にないと、コアラは絶対に生き残れません。それなのに、コアラの自然生息地の約80%が、すでに破壊されてしまいました。

コアラ病院と、コアラを大切に思う人たちが一緒になって、オーストラリア全土で植林プログラムを始めました。学生やボランティアの人たちが、良好なコアラの生息地となるように、ユーカリなどの木の苗を植えています。
でも残念なことに、木の成長はゆっくりです。最善の植林プログラムでさえ、木が切り倒されていく速度に追いつくことができません。

コアラたちを守る法律はありますが、破壊の進むコアラ生息地のユーカリの森まで守ってくれる法律はありません。コアラを救うためには、コアラの生息地を人間が破壊するのを防止する法律が必要なのです。
また、開発業者や新しい住宅所有者たちも、新開地に、なるべくユーカリの木立を残して、コアラにやさしい土地になるようにすることもできるはずです。

ボランティアがユーカリの苗木を植えています。大きく育つと、コアラたちの住処や食べ物になります。

どうすれば野生動物を助けられるか

野生動物を助けることは、あなたから始まります。もしみんなが、動物を助けるために、何か一つの小さなことをしたら…と想像してみてください。小さなことでも集まれば、とても大きな力になります。

あなたの家の庭を、野生生物が親しみやすいようにしてください。あなたのご両親に、庭に自生の植物（高木や低木や草など）を植えることができるか、聞いてください。こうしたものは、昆虫から哺乳動物までいろいろな生き物に、生息地と食物を提供します。また、庭に池や巣箱や、小鳥の水浴び用水盤を作ることも考えてみてください。

もし、ケガや病気のように見える動物を見つけた時には、大人の人に動物救助隊に電話するように言ってください。野生でも、飼い主のいる動物でも、すべての動物が私たちの助けを必要としています。そして当然、彼らは助けられるべきなのです。

地元の野生生物の病院に物資を集めるための活動を組織してください。病院は、たいてい、タオルや毛布や、特定の食べ物をいつも必要としています。現在、動物の患者が必要としているものは何かを知るために、地元の施設に問い合わせてください。

どうすればコアラを助けられるか

●コアラ病院に「コアラ里親寄付」をする。 www.koalahospital.org.au
●オーストラリアコアラ基金の、子どものためのコアラキッズクラブに入る。
www.savethekoala.com（日本語サイトあり）
●コアラを救う資金を集めるために、学校で募金活動をする。集まったお金を、コアラ保護団体に寄付する。

子どもたちがスージーに聞く

1. コアラを抱いたことがありますか

ええ。とても柔らかくて、ほんとにいい匂いがしたわ。コアラが食べるユーカリの葉の匂いだったわ。

2. コアラで一番クールな（かっこいい）ことはなんですか

一つだけというのはむずかしいわね。じつはね、わたしがとっても気にいっているのは、コアラには指紋があるということです。彼らは（霊長類以外では）指紋を持っている数少ない哺乳動物の一つなの。彼らの指紋は人間のものとまったく同じなの——みんなそれぞれ、ちがうのよ。

3. コアラは鳴きますか

はい。じつは、大人のオスは大声で鳴きます。それは、ほんとうに大きい声で、コアラの雄叫びとでもいう感じなの。メスをひきつけるために鳴くのです。ジョーイもおびえた時に、甲高い声でキュッキュッと鳴きますよ。

4. コアラに引っかかれたことはありますか

一度もありません。病院は、とても上手にコアラを落ちつかせておくので、コアラたちが攻撃的になることは、めったにないのです。
わたしは、病院にいる間、ほんとうに安心していられました。でも、コアラが野生動物であるということ、そして驚くと攻撃的になるということを覚えておくのは大事ですよ。野生のコアラに近づいてはいけません。

5. コアラはなぜ、コアラという名前なのですか

コアラというのは、「水を飲まない」という意味の、古いアボリジニ（オーストラリアの先住民）の言葉からきています。コアラは、食べる葉っぱから水分を摂るので、めったに水を飲まないの。

6. 野生のコアラを見たことはありますか

はい、ありますよ。ユーカリの木の上で幸せそうにしている野生のコアラを見るのは大好きです。もちろん、オーストラリアのいくつかの町では、人家の庭でもコアラを見ることができます。でも、ユーカリの森を歩きまわって、高い木の上にいるコアラを探すのは、とてもたのしいわ。

7. いろいろな種類のコアラがいるのですか

コアラはすべて同じ「種」の一員です。けれども、オーストラリアの南部に棲んでいるコアラは、北部のコアラよりかなり大きくて、毛皮も厚いのよ。科学者たちは、これは、南部の寒い冬に適応しているのだと考えています。

8. コアラのことを「コアラベア」と言う人がいました。コアラはほんとにベア（クマ）なのですか。

いえいえ、コアラはクマではありませんよ。クマとはまったくちがいます。最も近い種はウォンバットです。オーストラリアにいる別の有袋類です。

用語解説

ジョーイ
赤ちゃんコアラのこと。コアラが赤ちゃんのころの呼び名で、ジョーイ＝赤ちゃんということです。カンガルーやウォンバットなど有袋類の赤ちゃんも、ジョーイと呼びます。

生息地
動物が自然に住んでいる場所。

有袋動物・有袋類
コアラは有袋類の仲間です。有袋類のメスは、赤ちゃんを運ぶポケットのような袋をおなかに持っています。カンガルーやウォンバットも有袋類です。

里親のお母さん
時どき、赤ちゃんコアラが、事故や病気などで母親を失くすことがあります。代わりに人間のお母さんが、赤ちゃんコアラを世話するために参加し、里親になります。

ユーカリ（の木と葉）
ユーカリは、主にオーストラリアに分布する、成長の早い樹木。ユーカリの葉は、コアラの主食です。葉はほとんどの動物に有毒ですが、コアラは、この葉を食べることができる特殊な消化器官を持っています。

イヤタグ
耳に付ける標識のこと。コアラを野生にもどしてからも、科学者や観察者たちが追跡することができるように、イヤタグには個体識別番号が付いています。

屋外子どもヤード
コアラ病院にある、若いコアラのための特別の屋外囲い地。再び野外での生活に慣れるまで、安全に過ごせるようにしてあります。

夜行性
夜行性の動物は、夜に起きて活動し、日中は寝ています。コアラは朝や夕方に動き回ったり、夜に眠ったりもするので、半夜行性ともいいます。

教育研究病院
医学実習生のための病院で、患者の治療をしながら、医学生や看護師、ボランティアの養成をする病院。コアラ病院では、もちろんコアラ専門獣医も養成しています。

コアラ大使
野生に帰ることができないコアラは、コアラ大使になります。病院を訪れる人たちにコアラのことを教える時に、大使は、モデルになって手伝います。また、コアラ保護の大切さをよく知ってもらうためのシンボルの役割も果たします。

翻訳者ノート

コアラを守ることは、みんなの地球を守ることにつながります。

海都 洋子（かいと・ようこ）

30年ほど昔、はじめて日本にやってきたコアラを見ようと、東京郊外の多摩動物公園に行ったのを覚えています。長蛇の列で、係の人が「コアラは眠っているかもしれませんが、立ち止まらずに見てくださーい」と叫んでいました。木につかまったまま、じっと動かないコアラを見た…ような気がします。

結局、コアラがどんな動物なのか、あとから本やテレビで知ることになりましたが、ふわふわのぬいぐるみのような姿、丸いつぶらな瞳でこちらをじっと見つめる表情のかわいさに、コアラ・ファンの多いことが納得できました。

でも私は、見かけだけでなく、その不思議な生態に大いに興味をいだきました。高い木の上で生活し、群れを作らず、食べるのはユーカリの葉っぱ、そして、ほとんど寝てばかりいる、というのですから、ほんとうにヘンな動物です。

この本で、著者のスージーが言っているように、コアラはユーカリの葉の、とてもいいにおいがするそうですが、以前、皇太子妃雅子さまが、オーストラリアご旅行の折り、抱かせてもらったコアラに顔を近づけて、そのにおいをたのしんでいらっしゃる写真を見たことがあります。私も、ぜひ一度経験してみたいと思います。

でも、他の動物には毒であるユーカリを食べ、その毒を消すためにエネルギーを使いすぎて、体力回復のため一日中寝たり休んだりしているなんて、なんと非効率的な生き方なのでしょう。やっぱり不思議に思ってしまいます。

効率的な生き方ばかり求める私たち人間に対して、「あくせくしないで、のんびりいこうよ」と教えてくれているのかもしれませんね。

そんなコアラの生育環境がどんどん悪くなっていくのは悲しいことです。コアラを守ることは、私たち人間と、生きとし生けるものみんなの地球を守ることにつながります。その大事なことを、この本から読み取っていただければ幸いです。

WILDLIFE RESCUE
Koala HOSPITAL
By Suzi Eszterhas
Originally published as Koala Hospital
Text and photographs ©Suzi Eszterhas, 2015
Japanese edition published with permission from Owlkids Books Inc., Toronto, Ontario, CANADA through Tuttle-Mori Agency, Inc., Tokyo

●著者紹介

スージー・エスターハス（Suzi Eszterhas）

野生動物写真家。自然に暮らす野生動物の生態から、絶滅危惧種の保護や傷ついた野生動物の救護活動を写真で記録する。アメリカ・カリフォルニアを拠点に北極から南極、そして熱帯地方まで撮影活動を展開し、1年の大半を野生動物の生息地で過ごす。作品は“*Ranger Rick*”、“*National Geographic Kids*”、“*Smithsonian*”、“*Time*”、“*BBC Wildlife*” などの世界中で知られる雑誌や新聞に発表され、書籍化されている。日本語の訳書に「どうぶつの赤ちゃんとおかあさん」シリーズとして『ライオン』『ゴリラ』『チーター』『ヒグマ』『オランウータン』全5巻（さ・え・ら書房）などがある。

●訳者紹介

海都洋子（かいと・ようこ）

翻訳家。リテラシー教育研究者。米国ペンシルベニア大学教育大学院修士課程修了。M.S.Ed。Reading Specialist の資格を持つ。主な訳書にポーラ・ダンジガー『たんじょうパーティは大さわぎ』『ニコルズさんの森をすくえ』『こちら宇宙船地球号』（いずれも、岩波書店）、レオ・ブスカーリア『パパという大きな木』（講談社）、L・M・オールコット『若草物語』（上下、岩波少年文庫）、絵本にU・エーコ／E・カルミ『火星にいった3人の宇宙飛行士』『爆弾のすきな将軍』『ニュウの星のノームたち』（六耀社）などがある。

デザイン　小林健三（ニコリデザイン）

野生動物を救おう！

コアラ病院へようこそ

2016年12月25日　初版第1刷 発行

著　者　スージー・エスターハス（Suzi Eszterhas）
訳　者　海都洋子（かいと・ようこ）
発行人　圖師尚幸
発行所　株式会社六耀社
東京都江東区新木場2－1－1　〒136-0082
Tel. 03-5569-5491　Fax. 03-5569-5824
印刷所　シナノ書籍印刷株式会社
A4判変型／44頁／228×245mm
ISBN978-4-89737-887-9 C8645
NDC460